百元商品
巧思52變

手作玩家 貓小P——著

人文的・健康的・DIY的
腳丫文化

Contents

目 次

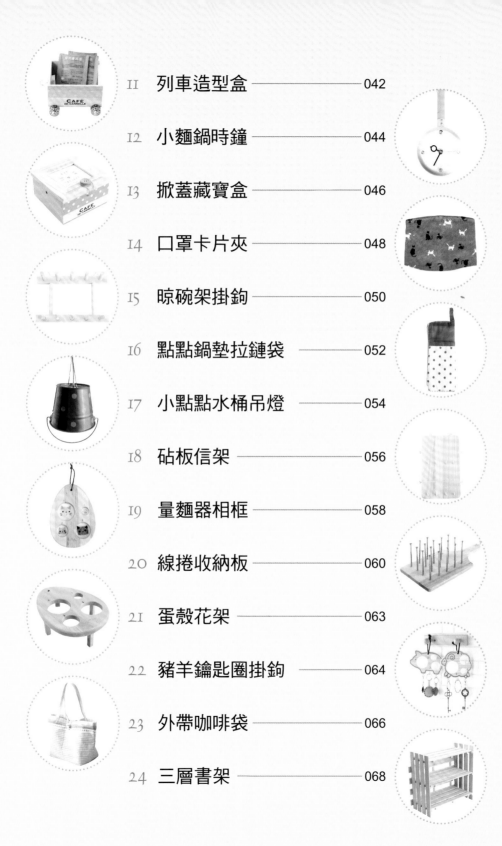

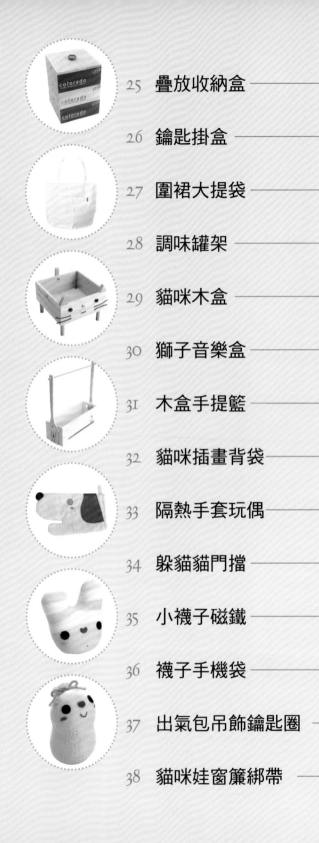

 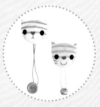

自序——

動動手，動動腦，雜貨改造一起來

學生時代一個人外宿，空間小，生活費不多，於是養成了自己做生活用品的樂趣。譬如說，做一張小桌子，裁切幾塊木板再組合；做小燈，從五金行買來燈座燈泡電線，自行組裝，利用酒瓶子做燈座。從那時候開始喜歡逛生活雜貨五金行，從5元、10元、20元到100元的都有，吃的穿用幾乎可一次買齊，有時候找到便宜又可愛的東西，就好像挖到寶一樣開心，除了當作生活用品，更是手工創作時的好材料。

逛雜貨店時，經常被商品的造型或顏色給吸引，譬如木盒子、小麵鍋、小桶子、布餐墊、手套、口罩等，除非是生活必需品或急用，否則可能會考慮再三買或不買。曾經在逛雜店時，聽見旁邊兩個女生的對話，她們拿起木頭小盒子，其中一位說：「好可愛喔！」，另一位馬上說：「可是買回家不知道要幹嘛？」相信大家都說過類似的話，或曾經這樣想過，我們經常被某種商品的造型與材質給吸引，卻不知道該買它做什麼？

　　而我常常動腦筋想著如何將現成的雜貨再變化出更多的造型與用途。一來是物美價廉，二是雜貨改造可以培養動腦與手作的能力，也是我個人極大的興趣。譬如說，木盒子是拿來收納用的，但如果加上提把改裝一下，就變成了調味罐的小提籃；把口罩對摺後再縫合，就變成手機袋或拉鏈包；還有更簡單的改裝，如造形可愛的小麵鍋或紙扇子，只需要鑽個洞，裝上時鐘機芯，就變成美觀實用兼具的時鐘了。

　　對我來說，玩雜貨改造要做得巧妙才有意思，而每一次雜貨的變身成功，都會讓人感到興奮不已，希望大家都能和我一樣，感受到手作的樂活魅力。

Part ①

製作前的準備

確認一下手邊有沒有更適合的材料與工具？
不妨走一趟生活五金雜貨店尋寶去！

經常使用的工具

Ⓐ縫針
縫合布料。

Ⓑ珠針
固定布品。

Ⓒ文具剪刀
裁剪較軟材質，如手縫線、布料、緞帶、紙張

Ⓓ鐵剪
裁剪較厚、較硬材質，如麻繩、鋁線、織帶、束帶。

Ⓔ尺
測量工具。

Ⓕ畫布專用消失筆
畫在布上，便於裁剪或縫紉線條圖案，時間久了顏色會自然消褪，可沾清水讓顏色褪去，白色筆頭為可擦去顏色的消失筆。

Ⓖ小電鑽
當木板太厚無法以尖錐子鑽小孔，或木板需要鑽洞時使用。

Ⓗ尖錐子
鑽洞工具，可在木板上先鑽一個小孔，以幫助螺絲釘定位與鎖入。

Ⓘ尖錐子
需要鑽更大的洞時，持續把洞撐大的尖錐子工具。

Ⓙ螺絲起子
鎖螺絲釘工具。

Ⓚ尖嘴鉗
可剪裁與彎曲鋁線的工具。

Ⓛ美工刀
裁切飛機木、紙類工具。

Ⓜ小鋸子
鋸斷木棍的工具。

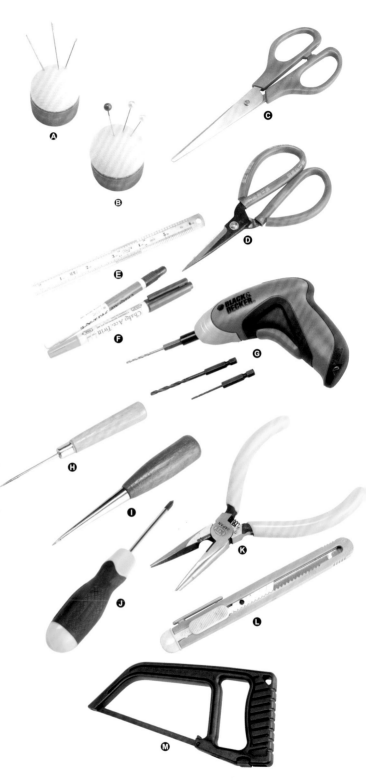

經常使用的材料

❶ 手縫線
縫合材料，也可縫在布上的線條
圖案。

❷ 棉花
填充娃娃的材料。

❸ 不織布
以色織毛料直接氈化緊壓製成的
材料，在手工藝材料中用途廣
泛。

❹ 鬆緊帶
製作釦環帶使用。

❺ 束帶
將兩塊板子綁住固定時使用。

❻ 釦子
當做釦環、娃娃的眼睛或裝飾
物。

❼ 包釦
可剪小塊圓布包覆黏貼後，製作
釦子。

❽ 糖果珠
娃娃的眼睛。

❾ 暗釦
縫在布品內側的釦子，也可以當
其他的零件，如盒子貓與獅子盒
的眼睛。

❿ 磁鐵
可黏貼於小物或縫於布品中上製
做磁鐵。

⓫ 鋁線
質地軟，好彎摺，可任意塑形。

⑫麻繩

當做吊繩使用，也可以纏在玻璃瓶上當裝飾。

⑬棉繩

做吊掛繩與綁線使用。

⑭粗棉繩

當做背帶或束口繩使用。

⑮織帶

製作背帶與掛環使用。

⑯鍛帶

綁蝴蝶結裝飾使用。

⑰拉鏈

製作布包的拉鏈。

⑱活頁環（鐵環）

當做吊掛環、扣環使用，鐵環扣住的地方只需要往兩邊外推，即可輕易拉開。

⑲羊眼釘

提供做綁線的吊環，也可當扣環、小配件。

螺絲與螺帽

將兩個有洞的物件，利用螺絲穿過，另一端以螺帽鎖緊固定。

C形螺絲鉤、L型螺旋鉤

鎖入木板中製作掛鉤。

螺絲釘

固定木板的材料，也可做其他小配件，如獅子盒的四隻腳，長一點的螺絲釘也可當掛鉤。

⑳蝴蝶鏈

連接木盒與蓋子的材料。

㉑圖釘

固定材料。

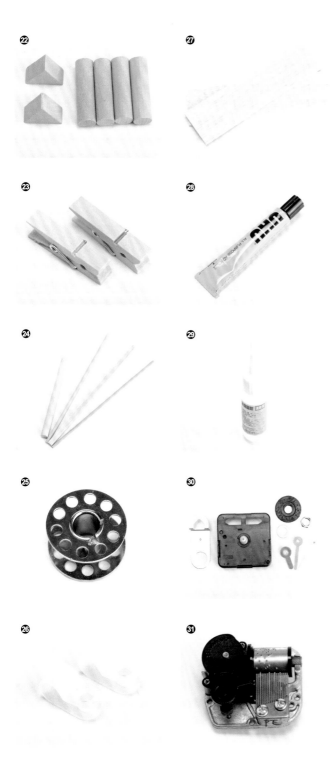

㉒小積木
當做貓咪的耳朵、腳。

㉓木夾子
固定材料。

㉔木棍
木盒的提把、小車子的橫軸、鍛帶的掛軸。

㉕捲線器
當做車輪。

㉖電線固定環
固定木棍橫軸。

㉗飛機木
質地輕巧好裁切，黏貼於突出的螺絲釘上，不使其外露。

㉘強力透明黏膠
黏貼布料、木頭、金屬、塑膠，適用於多種材料的黏貼。

㉙保麗龍膠
黏貼布與布品。

㉚時鐘機芯
手工材藝店或美術社有賣，製作時鐘的材料。

㉛音樂鈴
音樂盒專賣店有賣，裝在盒子內使用。

Part ②

動手做做看

找找家裡有沒有被晾很久的雜貨？
現在就開始動手玩改造吧！

材料費 49元

01

紅格書衣

餐墊的風格多樣,可省去複雜的車工,簡單快速做成書衣,
讓看書的心情更加豐富愉快。

材料	其他材料工具
餐墊 ⋯⋯⋯⋯⋯⋯1片	針
杯墊 ⋯⋯⋯⋯⋯⋯1片	手縫線

改造步驟

1 將餐墊上下內摺後的長度,大約比書的長度多0.5公分～0.8公分。

2 餐墊兩側往內摺後的寬度,大約比書的寬度多0.5公分～0.8公分。

3 於餐墊四角的上下邊以回針縫合,只縫合虛線標示處,左右摺處要預留夾書的位置。

4 將杯墊置於書衣封面,以布邊縫縫合左、下、右邊,可做收納書籤、筆的口袋。

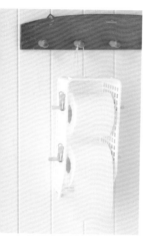

材料費 **59** 元

O2

紙捲緞帶收納架

衛生紙捲、緞帶排排掛,收納整齊好取用。

材料

長型網狀收納盒 ⋯⋯1個

飛機木棍 ⋯⋯⋯⋯⋯2根

曬衣夾 ⋯⋯⋯⋯⋯⋯4個

棉繩

※棍子與夾子可依使用
方式替換竹筷或木夾。

改造步驟

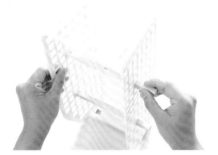

1 在收納盒適合位置，將飛機木穿過網
格。

2 在木條兩端用曬衣夾夾住，木棍就不會
滑動了。

3 在盒上綁棉繩，將盒子吊掛起來。

材料費 **170**元

03

日式招牌架

木條板變身倒V招牌架,可放小盆栽、文具小物等,
是佈置空間的好幫手。

材料		工具
木條板⋯⋯⋯⋯⋯⋯2塊		小電鑽
木盒		
草編籃		
束帶		
棉繩		

改造步驟

1 在每一條木條板上端鑽洞。

2 使用束帶將兩片木條板繫在一起

3 下方綁棉繩，做成一個倒V架子。綁棉繩可避免架子開口過大而傾倒。

4 在架子上綁上木盒或籃子。

趣味小木作

　　不需要電鋸與鐵鎚，也可以玩木作。利用現成的木雜貨（木頭物品）為素材，如木盒子、柵板、隔熱鍋墊、砧板等，再加工製作成另一種用途的物品。除了一兩樣的木作，最多只需使用到小鋸子鋸斷木棍，或者用小電鑽鑽個洞。由於木雜貨的板子不厚，大部分使用尖錐子就能鑽小洞，製作十分簡單上手，因此我稱它為「小木作」。

玩玩布雜貨

　　生活雜貨店或家飾店，每一季推出新款布品，其中布餐墊、桌布、布鍋墊等，圖案有花的、格子的、線條的，顏色樣式豐富，小小一塊，用途很多，變換居家風格佈置便利。我最常使用布餐墊，利用它本身長方形完整一塊布的特性，來製作其他簡單的布雜貨，譬如環保背袋、小提袋、面紙布套、布書衣等。布餐墊之所以便於製作布雜貨，它省去了裁布與收布邊的作業，而布質也較一般印花棉布來的厚實耐用，只需要會基本的手縫針法就可以開始製作嘍。

材料費 **89**元

colorado
rocky mountain region
since 1124(

04

木匙小提籃

小湯匙不只可以拌果醬,加上木盒,立即變身巧妙小提籃。

材料

木盒子⋯⋯⋯⋯⋯⋯1個
木湯匙⋯⋯⋯⋯⋯⋯2根
圓木棍
螺絲釘

工具

小電鑽
螺絲起子
鋸子

改造步驟

1 圓木棍鋸成與木盒同長度。

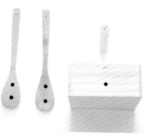

2 木湯匙分別置於木盒兩側,在適當的位置2個洞,木匙把柄最上端鑽洞,圓木棍上兩端鑽小洞。

3 螺絲釘將湯匙鎖緊固定在木盒上。

4 將圓木棍固定在湯匙中間,當做提把。

雜貨變裝秀

　　有些雜貨本身的造型就很吸睛，像扇子、小麵鍋、小水桶等，所以要保留雜貨本身造型，加上其他材料加工後，改變它的用途，也就是雜貨變裝。譬如造型像酒瓶形狀的木砧板，鎖上幾排長螺絲釘，可以用來收納色彩顏色豐富的手縫線，也可以是美麗的家飾喔。又譬如可愛的點點小水桶，把它翻轉一下，在水桶底部挖個洞，再裝上燈泡、電線、插頭，就變成可愛的小吊燈了，就連量麵器都可以變身成造型畫框喔！

配件與裝飾

　　雜貨上加些裝飾或配件，讓它變得更有趣。譬如獅子盒，在木盒上鎖入幾根螺絲釘當腳，鎖入一圈羊眼釘當鬃毛，再黏上小釦子當眼睛，原本單純的盒子搖身一變成為可愛小動物，所以材料不只是功能而已，也可以是雜貨的配件喔。

　　有些雜貨除了原本的用途之外，也可以用來做裝飾，譬如椅腳布套，依據它的造形與特性，做成插針包，也可以拿來套在玻璃瓶罐上當罩子；或是把麻繩直接纏繞在玻璃瓶上，變成家飾；把麻布袋套在塑膠桶就變成自然風的收納桶。

材料費 **40** 元

05

口罩拉鏈包

口罩換邊摺，變成長型小包，收納環保匙筷、鉛筆好實用。

材料   其他材料工具

口罩 ·················1個   針

拉鏈   手縫線

手縫線   剪刀

改造步驟

1 將口罩反面朝外，成長形對摺。

2 以回針縫上拉鏈。

3 兩側以回針縫合後，翻至正面。

材料費 **79**元

06

鍋墊工具收納包

可放入小剪刀、尺、筆等文具用品，
也可放唇筆、筆刷、睫毛膏等，排放整齊又好找。

材料

方形布鍋墊…………1個

不織布

暗釦 ……………4個

木釦 ……………1個

麻繩

其他材料工具

手縫線

剪刀

針

改造步驟

- - - - 回針
++++ 直針

1 剪四個比暗釦環燒大的圓型不織布,並縫上暗扣。再剪一塊約2×2公分的不織布,將麻繩打結後,以針線縫死於不織布上。

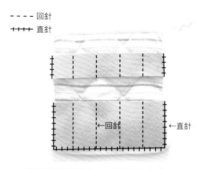

2 剪兩塊不織布,擺在適宜位置,距2公分至4公分寬度,以回針縫在布鍋墊上。下方較寬的不織布布邊以直針縫與布鍋墊邊緣縫合。

3 暗釦縫到四邊角,右側中間縫上麻繩扣環。

4 布墊外側開口中間縫上一個釦子。

材料費 **89**元

07

手套娃娃

一雙工作手套，三五顆釦子，加上棉花，
剪剪縫縫，變出一隻貓娃娃。

材料	工具
工作用棉手套……1雙	針
手縫線	剪刀
釦子	

改造步驟

1 手套翻至反面,剪開部分指頭處,如圖示。

2 開口處以回針縫合。

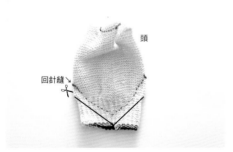

3 將頭部摺成側面,以回針縫合標線處,多餘處剪掉。

4 翻至正面,塞入棉花,頭部開口以藏針縫縫合。

5 身體、雙手、尾巴填入棉花，以縮口縫
縫合開口處。

6 將貓咪頭與身體以藏針縫合，手縫至身
體兩端，尾巴縫至身體背後，最後縫上
貓咪的表情。

材料費 **132** 元

o8

日式雜貨風提袋

不用裁布，只要利用兩塊一樣大小的布餐墊，也能輕鬆製作手提袋。

材料		其他材料工具
布墊 ⋯⋯⋯⋯⋯⋯2片		針
織帶約40公分⋯⋯2條		剪刀
木釦子		手縫線
麻繩		
不織布		

改造步驟

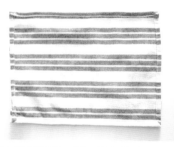

1 將布墊正面對正面，將布墊的左、右、下，三邊以回針縫合。

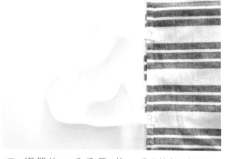

2 織帶約40公分長2條，分別以回針縫在袋口內側，做為提帶。

3 在袋口一邊外面中間縫上木釦。

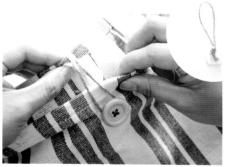

4 做一個麻繩扣環，縫於袋口內側中間。

材料費 **59** 元

09

貓咪畫框

利用貓毛做成貓咪肖像畫,再自然可愛不過了,擺哪兒都吸睛。

材料	其他材料工具
貓毛	針
黑色油珠	手縫線
不織布	剪刀
相框	保麗龍膠

改造步驟

1 一小搓貓毛以中性洗潔精清洗揉搓成一橢圓形片狀，置於乾布內壓平，吸濕後，晾乾。

2 將貓毛縫於不織布上，縫出貓咪的眼睛、鼻子、鬍子。

3 不織布剪兩個小三角形當做貓耳朵，黏貼於貓頭上適宜位置。

4 裝入相框內，完成。

材料費 117元

雙層置物架

小瓶罐總是高高低低，雙層置物架讓大瓶子或小果醬都有專屬收納盒。

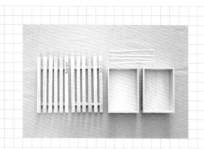

材料

長方盒子‧‧‧‧‧‧‧‧‧‧‧‧‧2個
木條板‧‧‧‧‧‧‧‧‧‧‧‧‧‧‧2塊
束帶

改造步驟

1 木盒置放於兩木條板中間。

2 將木盒兩側以束帶固定在木條板上，做成一個H型的固定架層架。

3 上方可在置入一個長方木盒，即完成。

材料費 **117**元

II

列車造型盒

子除了收納功能,加點改裝讓生活更有趣。

材料

木盒子⋯⋯⋯⋯⋯1個
螺絲釘
C形螺絲鉤
羊眼釘
電線固定環⋯⋯⋯4個

細木棍
捲線圈⋯⋯⋯⋯⋯4個
鋁線
飛機木⋯⋯⋯⋯2小塊

工具
小電鑽、螺絲起子

改造步驟

1 細木棍鋸成兩半。大約離木盒底部四邊角量出適合位置約2公分處，鑽小洞。

2 以螺絲釘固定電線固定環。

3 穿入木棍，於木棍端套入捲線圈，再以一小段鋁線纏繞木棍以固定。

4 木盒側邊鎖入C型螺絲鉤，做為車箱的連結鉤。

材料費 **139**元

I2

小麵鍋時鐘

小麵鍋拿來煮東西？煮一次吃不飽，煮兩次太麻煩，
有沒有更妙的用法？拿來做時鐘，掛在廚房更對味。

材料

小麵鍋
時鐘機芯組
螺絲釘

工具

尖錐子

改造步驟

1 在麵鍋底部，中、上、下、左、右各鑽一個洞。

2 裝機芯：中間的洞要鑽大一點，以裝上機芯，麵鍋因為鑽洞有鍋內有銳利的切口，可用厚泡棉墊在洞口與機芯之間。

3 將上下左右四個洞分別裝入螺絲釘，當作時間座標。

材料費 88元

13

掀蓋藏寶盒

上蓋的相框擺入自己喜歡圖片，盒子裡收藏喜愛的小物，
藏寶盒幫妳，收藏心情的點點滴滴。

材料

小方木盒 …………1個

方形木相框 ………1個

蝴蝶鏈

螺絲釘

木釦 …………1個

鬆緊帶

工具

小電鑽

螺絲起子

改造步驟

1 木相框放在木盒上，在蝴蝶鏈連接處鑽小洞，用螺絲釘將木框與盒子組合起來，木相框為盒子的上蓋。

2 木盒開闔處中間約1公分處鑽一小洞，綁入一個鬆緊帶當做扣環。

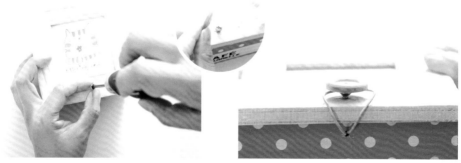

3 在開蓋端的木框上釘入1個平頭螺絲釘，再黏上木釦子。

4 用鬆緊帶與釦子做盒蓋釦環。

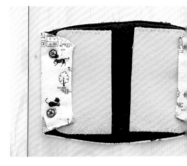

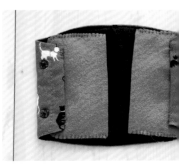

材料費 **35**元

14

口罩卡片夾

口罩圖案多樣，做成卡片夾，最好搭配衣物，帶著出門，
搭車、買東西，方便又可愛！

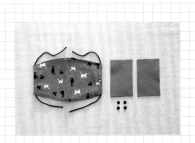

材料		其他材料工具
口罩 ………………1個		針
不織布		手縫線
暗釦 ………………2組		剪刀

改造步驟

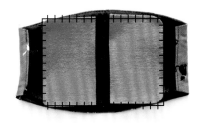

1 將不織布裁兩塊可放入卡片的長方形尺寸。以直針縫將不織布的三邊縫在口罩內的兩側。

2 將口罩兩側邊上下各縫上暗釦。

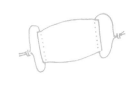

3 口罩兩邊往內摺,縫於內側不織布上。

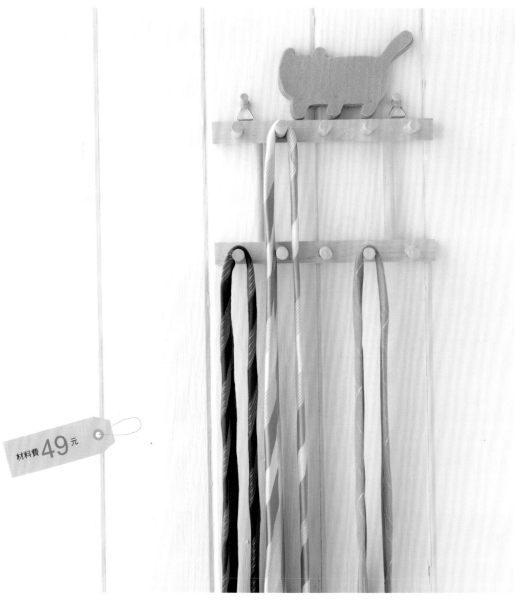

材料費49元

I5

晾碗架掛鈎

晾碗架橫著掛，變成欄杆吊掛鈎，連貓咪都來湊熱鬧。

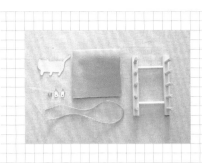

材料

晾碗木架 …………… 1個

貼壁掛鉤 …………… 2個

不織布

貓咪紙型

其他材料工具

針

手縫線

畫布用消失筆

剪刀

尖錐子

螺絲起子

改造步驟

1 剪下7～8片貓咪形狀不織布，疊放起來，縫合固定。

2 尖錐子鑽小洞，將貼壁掛鉤鎖在晾碗木架背後。

3 貓在黏貼在木架上適當位置，當做貓走欄杆的裝飾。

材料費 **54**元

16

點點鍋墊拉鏈袋

長方型的布鍋墊剛好可以做成筆袋，外層的小袋可用來夾筆。

材料

長方形布鍋墊………1個

拉鏈 ………………1個

其他材料工具

針

手縫線

改造步驟

1 布鍋墊正面對正面，對摺，

2 在開口處以回針縫上拉鏈。

3 翻至正面，兩側多出的拉鏈塞入內部。

4 將兩側以布邊縫縫合，拉鏈袋完成。

材料費 **149**元

I7

小點點水桶吊燈

翻轉一下，裝上燈泡，水桶變成小吊燈。

材料	其他材料工具
小水桶	鋁線
燈泡	仿皮繩
燈座	尖錐子
電線	
插頭	

改造步驟

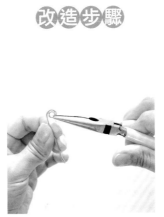

1 在小水桶底部鑽3個洞，中間的洞鑽大一些，使能電線穿過。

2 將兩條約10公分長的鋁線，鋁線其中一端彎成螺絲紋，在小水桶左右兩個小洞插入鋁線後，於另一端水桶內將鋁線彎曲，做成吊掛環。

3 電線穿入水桶後，將電線兩頭在安裝在燈座兩端。燈座安裝後，將燈泡裝入旋緊。

4 仿皮繩穿過兩個吊環，將小水桶燈吊掛起來。

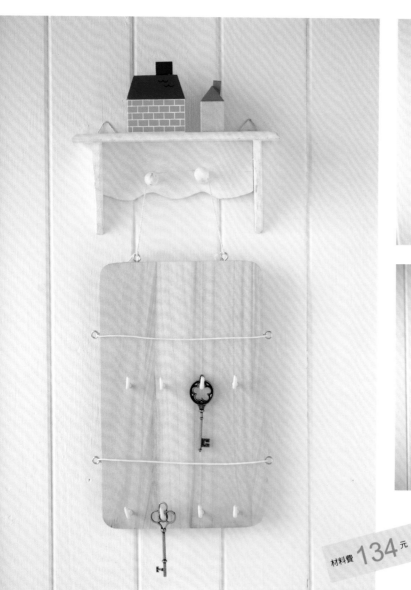

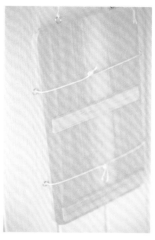

材料費 **134** 元

I 8

砧板信架

不該讓珍藏明信片一直放在抽屜發霉，有個展示掛架，
依心情更換佈置，今天就來個海灘風。

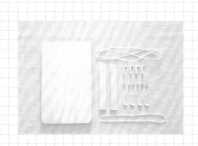

材料

木砧板 ················	1片	飛機木
L形螺絲鉤 ··········	8個	**工具**
羊眼釘 ················	6個	尖錐子
鬆緊帶		美工刀
棉繩		透明強力膠

改造步驟

1 量出適當位置以尖錐子鑽小洞。

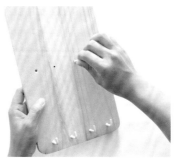

2 將L型螺絲鉤一一鎖入。

3 砧板兩側適當位置與上方鎖入羊眼釘。

4 鬆緊帶穿入砧板兩側羊眼環,在後方打結。上方圓環綁上棉繩當吊環。

◀後方突出的螺絲釘以飛機木黏貼,增加厚度不外露。L型螺絲鉤長度過長會穿透木砧板,所以利用飛機木的厚度將透出的尖銳螺絲釘黏貼包覆。

材料費 **54**元

19

量麵器相框

量麵器變成收藏貓咪的小畫框，這會兒量的不是麵，而是幸福。

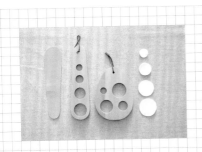

材料	其他材料工具	針
木製量麵器	貓毛	保麗龍膠
不織布	黑色油珠	
	手縫線	
	繡線	
	剪刀	

改造步驟

1 將不織布剪出比量麵器稍大約0.5公分的4個圓形。不織布剪出量麵器稍小形狀。

2 四個圓形不織布上縫上貓毛作做的貓咪肖像。

3 框邊上膠,將四個圓形分別黏貼在圓形框上。

4 再黏上量麵器形狀的相框背片。

材料費 129元

20

線捲收納板

利用造型砧板為底座，鎖入長長螺絲釘，讓線捲排排站，
線捲不再亂滾，使用也很方便喔！

材料
造形木砧板
長螺絲釘

工具
小電鑽
螺絲起子

改造步驟

1 標出位置，用小電鑽鑽小孔。

2 以螺絲起子將螺絲釘——鎖入。

1

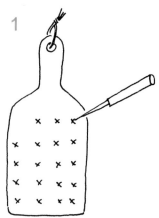

2

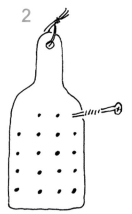

21

蛋殼花架

蛋型量麵器橫著擺，可以當作蛋架或是花架。

材料費 49 元

材料
蛋形量麵器
蛋殼
長方型積木

工具
強力黏膠

改造步驟

1 將4個積木小柱黏貼於量麵背面四邊。

2 蛋殼內注入少許水與小石頭（增加重量），插入小花草，置於量麵器圓洞上。

1

2

材料費 **59**元

豬羊鑰匙圈掛鉤

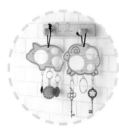

可愛動物造型量麵器，上面有123數字，
再加個圈環，掛上房門鑰匙，便利又好用。

材料
木頭造形量麵器
羊眼釘
鐵圈

工具
尖錐子

1 於量麵器底部鎖入三個
羊眼釘。

2 鐵圈扣在羊眼圈上。

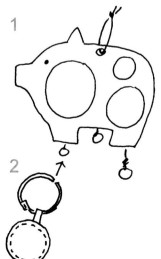

材料費 **78**元

23

外帶咖啡袋

小塊一點的布餐墊，做出來的提袋小小的，
剛好可以拿來當咖啡外帶杯的小提袋。

材料

小尺寸餐布墊
織帶
鬆緊帶
不織布
釦子
手縫線

工具

針
剪刀

改造步驟

1 餐布墊正面對正面對摺，將左右兩邊以回針縫合。

2 在底部兩側回針縫各出一個三角形。

3 翻至正面，兩條織帶縫於開口處做提帶，正面縫上釦子，另一內側縫上一個鬆緊袋當釦環。

1

2 →

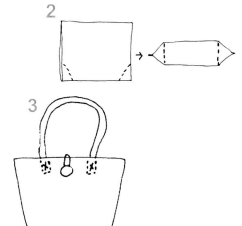

材料費 **234** 元

24

三層書架

好看也好用的柵板，可以組合成多種架子來使用，
尺寸不同的柵板互相運用，可發展更多實用的架子。

材料
柵板 ·············5個
較長的柵板·······1個
螺絲釘

工具
尖錐子
螺絲起子

改造步驟

1 將5個柵板組合成3個H字形疊放的架子，測量左右寬度後，將橫向的3塊柵板取下。

2 較長的柵板鎖在左右兩側柵板的背面固定。再將3塊柵板放回架子中間。

1
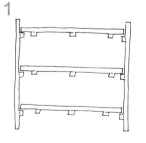

2
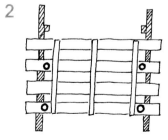

材料費 130元

25

疊放收納盒

木盒疊放,更省空間。

材料
同尺寸木盒……數個
飛機木
釘子

工具
美工刀
強力黏膠

改造步驟

1 在每個盒子底部四邊小方塊飛機木，使盒子疊放時可以卡住底下盒子邊框，疊放盒子不會東倒西歪。

2 使用飛機木製作一盒蓋，釘子做手把。

1
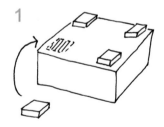

2

26

鑰匙掛盒

相框與盒子做鑰匙收納盒，相框盒蓋可隨時更換自己喜歡的圖片喔。

材料費 109 元

材料

木盒　　木相框
羊眼釘　蝴蝶鏈
螺絲釘　鬆緊帶
黏貼式掛勾

工具

小電鑽
尖錐子
螺絲起子

改造步驟

1 木相框做盒蓋，使用蝴蝶鏈把相框與盒子連接固定。

2 盒外背面鎖上兩個貼壁掛鉤，盒內黏貼掛勾，用來收納鑰匙。

3 盒蓋上鎖入一個羊眼釘，盒子開口處側面鑽小洞，綁一個鬆緊帶當釦環。

1

2

3

材料費 **78** 元

27

圍裙大提袋

已經打包好了嗎？我也要一起出去玩。
兩片圍裙就能做出一個大提袋，
圍裙上原本的口袋剛好就是提袋的小口袋。

材料
圍裙 ⋯⋯⋯⋯⋯2片
手縫線

工具
針
剪刀

改造步驟

1 將圍裙上的綁帶拆下來。

2 兩片圍裙正面對正面，將左右下方以回針縫合

3 翻至正面，將兩條綁帶縫在袋子開口處，做為提帶。

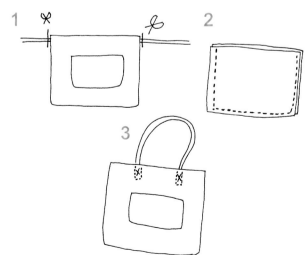

材料費 **180**元

28

調味罐架

木盒子換個角度來疊放，調味罐收納靠邊站。
鬆緊帶的功能可以防止小瓶罐摔出盒外，同時也方便取用。

材料
長方木盒………4個
鬆緊帶
釘子

工具
強力黏膠

改造步驟

1 將四個長方木盒橫擺，
兩個在上，兩個在下，
中間以強力黏膠黏貼。

2 鬆緊帶從木盒中間交錯
穿過小洞，分別穿至木
盒兩側，並綁一個木釘
使鬆緊帶固定。

1
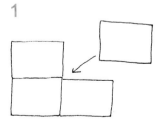

2
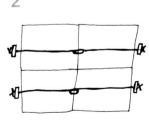

材料費**69**元

29

貓咪木盒

木盒子黏上釦子、零件、小積木，收納盒變身可愛貓咪幫你裝東西。

材料
木盒
小積木
螺絲釘
皮繩
暗釦

工具
小電鑽
螺絲起子
強力黏膠

改造步驟

1 四根小木柱當貓腳,可鑽小孔以螺旋釘鎖入固定,也可以直接黏貼於盒子下方四角。

2 將三角形積木黏貼於盒上當貓耳朵,尾巴固定於適當位置,釦子當眼睛,螺絲釘當鼻子,皮繩當鬍鬚,黏貼於適宜位置。

1
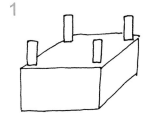

2
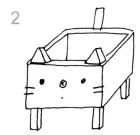

材料費239元

30

獅子音樂盒

一個小木盒,幾根螺絲釘轉呀轉,加上五官和尾巴,變成一「盒」獅子。
盒子可保留原來木頭顏色,讓獅子音樂盒充滿自然原味。

材料
木盒
抽屜門把
羊眼釘
C型螺絲鉤
螺絲釘
暗釦
音樂鈴

工具
小電鑽
尖錐子
螺絲起子
強力黏膠

其他材料
壓克力顏料
海綿
水彩筆

改造步驟

1 用壓克力顏料在木盒上刷上咖啡色，待乾燥後，海綿沾白色顏料在盒子的一個側面（臉部）輕輕拍打均勻。

2 獅子臉部鑽一個洞，鎖入一個抽屜門把當做獅子的大鼻子。粘上兩個暗釦當眼睛。

3 羊眼釘鎖入頭部一圈，當做獅鬃；螺絲釘鎖入盒子底部四個邊角，當做獅子的腳。鎖入一個C型螺絲鉤於後方，當做尾巴。

4 盒內蓋子上可加裝一個音樂鈴機芯。

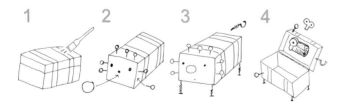

木盒手提籃

用木湯匙來做提籃，可愛又創意。

材料
木盒
木叉
木匙
螺絲釘
鋁線

工具
小電鑽
尖錐子
螺絲起子
尖嘴鉗

改造步驟

1 將兩支炒菜用的長木叉匙分別固定於盒子兩側。

2 將細木棍穿過兩端木叉匙柄上的小洞，再以鋁線纏繞末端固定。

材料費 99元

32

貓咪插畫背袋

兩個方型布鍋墊，在上面縫上貓咪塗鴉，縫合三個邊，綁上鞋帶，
插畫風格的小背袋就完成了。

材料
方形布鍋墊……2個
手縫線
鞋帶 ……………1條

工具
消失筆
針
剪刀

改造步驟

1 在其中一塊鍋墊上畫出貓咪線條，以回針縫將畫線縫出來。

2 將兩塊鍋墊背對背，以捲針縫合三邊。

3 鍋墊上的吊環剛好一邊一個，綁上鞋帶，做為背帶。

1

2

3

材料費 **39** 元

33

隔熱手套玩偶

隔熱手套的造型還滿像小貓小狗的頭形，
那不妨就在手套上縫上眼睛鼻子耳朵，廚房用品也可以是趣味雜貨！
可當手偶、酒瓶套、可當家飾，增加生活樂趣。

材料
手套
不織布
釦子
手縫線

工具
針
剪刀
保利龍膠

改造步驟

1 不織布剪出耳朵形狀，在手套上縫上不織布做耳朵，並縫上釦子當做眼睛。

2 縫一個小布球做狗鼻子，再縫至狗狗鼻子位置上。

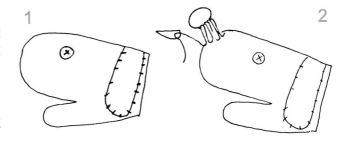

1   2

34

躲貓貓門擋

手套玩偶內填入滿滿的塑膠粒，增加重量，當做門擋，
不小心踢到也不會撞傷，也剛好是可愛的躲貓貓家飾。

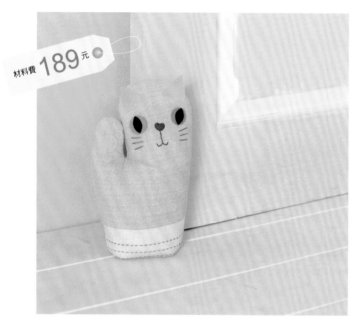

材料費 189元

材料
手套
不織布
手縫線
塑膠粒

工具
針
剪刀
保利龍膠

改造步驟

1 在手套上縫上不
織布做耳朵，縫
出貓咪表情。

2 手套裡填滿塑膠
粒。

3 將開口內摺，再
將一塊橢圓形不
織布當做底布，
以貼布縫縫合。

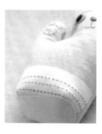

1

2

3

雜貨好素材

　　雜貨也可以是一種素材，譬如襪子娃娃、手套娃娃，襪子與手套就是製作娃娃的基本材料。又譬如布餐墊是一塊布，可以製作手提袋。還有一種是發揮巧思，素材使用恰到好處，譬如木盒子製作噗噗車，把捲線器拿來當做輪子；用木盒製作提籃，把小木匙拿來當做提把。

　　有些雜貨的用途可能只有一種，但也可能經過一些道具的巧妙改裝，變成另一種更有趣的用法。譬如，收納網籃加了木棍與夾子，可以收納整捲的緞帶或衛生紙紙捲；又譬如晾碗架，橫著掛在牆上就是很實用的吊衣架。

雜貨大利用

　　雜貨可依據材質、功能、造型、顏色、特性、用途，在改造與變化上各有不同，每個人喜歡的雜貨改造的原因也不太一樣；有的人喜歡生活手作，有的人想讓生活更便利，有的喜歡美觀又實用，有的表現創意，有的適合居家佈置。這些雜貨取得方便，價格便宜，只需要做簡單的改造，不需花大錢，就可以讓雜貨發揮更多功能。

材料費 **35** 元

35

小襪子磁鐵

用襪子做小貓、小狗頭磁鐵，使用時還可以捏一捏他們肥嘟嘟的臉，
也不用擔心不小心掉到地上會摔壞喔！

材料

兒童短襪 ………1隻
棉花
磁鐵
不織布
手縫線

工具

針
剪刀
保麗龍膠

改造步驟

1 頭部製作：依圖式裁
　剪。

2 揉兩球適量棉花置入襪
　內，開口處縮口縫合。

3 耳朵翻反，標線處以回
　針縫合，留返口，翻至
　正面。可填入少許棉花
　讓耳朵有立體感。

4 耳朵以捲針縫在狗狗頭
　部兩側，製作狗狗的表
　情，頭部的背後，剪一
　圓形不織布，中間放入
　一個磁鐵，以貼布縫將
　不織布縫在頭背部。

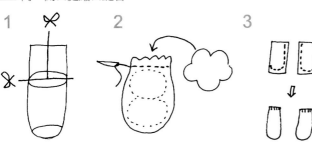

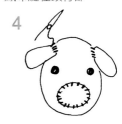

36

襪子手機袋

襪子顏色豐富，彈性佳，製作成手機套，很實用。

材料費 39 元

材料
長襪 ‥‥‥‥‥‥ 1隻
釦子
鬆緊帶
不織布
手縫線

工具
針
剪刀

改造步驟

1 取襪子長筒段，翻反面，以回針縫合，翻至正面。

2 在開口處外側縫一個釦子，另一邊內側縫一個鬆緊袋扣環。

▲還可以當成瓶子的保護套喔！

1
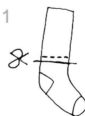

2

37

出氣包吊飾鑰匙圈

小小一隻襪，塞入兩球棉花，剛好做成一隻娃。

材料費 **39** 元

材料

嬰兒襪…………1隻

棉花

緞帶

不織布

珠鏈

手縫線

工具

針

剪刀

保麗龍膠

改造步驟

1 揉兩球適量棉花
放入襪子裡。

2 開口處以縮縫將
開口縮小，並置
入一個緞帶吊
環，縫合時緞帶
處要來回穿越針
線三次左右，使
吊環更牢固，縫
緊後打結。

3 縫上娃娃表情，
貼黏眼睛鼻子。

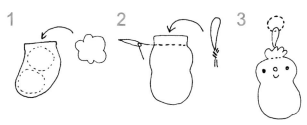

1   2   3

材料費**45**元

38

貓咪娃窗簾綁帶

襪子娃娃也可以做成生活雜貨，窗簾綁帶、別針，
還可以做成背包吊飾。

材料

船型短襪 ………1隻
棉花
鬆緊帶
不織布
釦子
手縫線

工具

針
剪刀
保麗龍膠

改造步驟

1 襪子翻反面,剪出貓耳
朵頭形,以回針縫合。

2 襪子翻正面,塞入一球
適量棉花。

3 鬆緊帶中間穿過一個釦
子,兩端打結。

4 開口處以縮口縫將開口
縮小,將鬆緊帶打結處
置入,縫合時要來回穿
越針線三次左右,使鬆
緊帶環更牢固,縫緊後
打結。

5 縫上表情,貼黏眼睛、
鼻子。

1   2   3   4   5

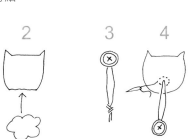

材料費 **54** 元

39

鍋墊零錢化妝包

不必版型和塞棉,利用圓形布鍋墊做成零錢包或化妝包。

材料
圓形布鍋墊
拉鏈
手縫線

工具
針
剪刀

改造步驟

1 布墊對摺。

2 於上端圓弧處兩邊各縫上拉鏈。

3 將兩側以回針縫合，翻至正面，完成。

1

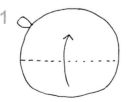

2

3

40

愛心時鐘人

包裝精美的紙盒也可以變成可愛的時鐘人，貼上眼睛、嘴巴，
時間指針剛好就是他的鼻子。

材料費 159 元

材料
愛心禮物紙盒、時
鐘機芯、圖釘、釦
子、不織布、鋁線

工具
尖錐子、剪刀、保
利龍膠

改造步驟

1 禮物紙盒蓋子中間鑽一
個洞，裝入時鐘機芯。

2 蓋子貼上不織布鋁線釦
子等，做出時鐘人表
情。

3 盒子底部鑽入兩個圖
釘，當做時鐘人的腳，
另一方面可固定盒子與
盒蓋。更換電匙或調整
時間，只需把圖釘取
下，即可打開盒蓋。

1

2

3

動物木鍋墊鑰匙掛

造型可愛的小動物鍋墊，鎖上幾枚掛鉤，翻身成為壁飾掛鉤。

材料費 59元

材料
小鼠動物木鍋墊1片
C形螺絲鉤⋯⋯⋯3個
羊眼釘⋯⋯⋯⋯⋯2個
棉繩

工具
尖錐子

改造步驟

1 木鍋墊底下於適當位置鑽3小洞，鎖入C形螺絲鉤（木板如太硬，建議使用電鑽鑽孔）。

2 上方鎖入2個羊眼釘。綁上棉繩當吊掛環。

1
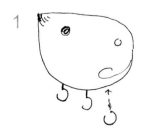

2
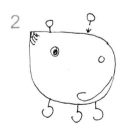

42

口罩鑰匙包

鑰匙一大串，很擔心隨手放在包包裡會不小心刮傷了其他東西，不妨利用口罩做一個鑰匙包把它收起來，同時也方便拿取喔。

材料費 **50**元

材料
口罩
鬆緊帶
緞帶
不織布

工具
針
手縫線
鐵圈 ………… 3～4個

改造步驟

1 剪3～4條約4公分的緞帶，對摺，縫在一塊2公分×4公分的不織布，做吊環。

2 不織布吊環縫在口罩內側中間，吊環可掛上鐵圈或鑰匙環。

3 口罩保留一邊的鬆緊帶，調整鬆緊帶長度打結後，縫一個不織布小物裝飾一下。

1　　2　　3

43

口罩手機袋

口罩樣示豐富也很便宜，做成多款手機袋，
可依照每天的包包、衣服，輕鬆做搭配。

材料費 **45** 元

材料
口罩
釦子
鬆緊帶
不織布
緞帶

工具
針
手縫線
鐵圈
珠鏈

改造步驟

1 將口罩一端內側
縫一個鬆緊帶釦
環。

2 口罩對摺，以捲
針縫將兩邊縫
合。

3 口罩開口穿過緞
帶，在加上鐵圈
與珠鏈。

1　　　2　　　3

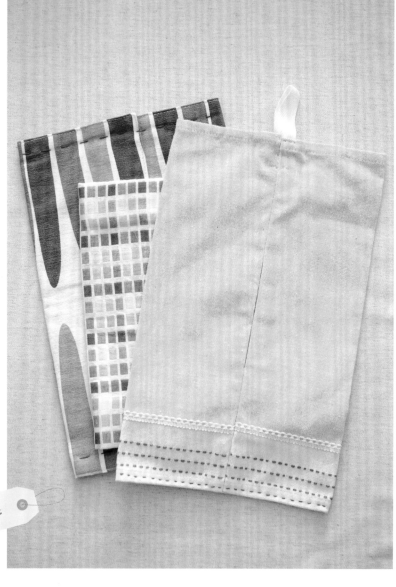

材料費 **39**元

衛生紙布套

44

使用完的抽取式衛生紙盒再利用，包裝一下做為放面紙包的盒子，
外面則是使用布餐墊製作一個布套，衛生紙抽完只需抽出紙盒更新即可，
布套還可以隨著居家佈自由更換呢。

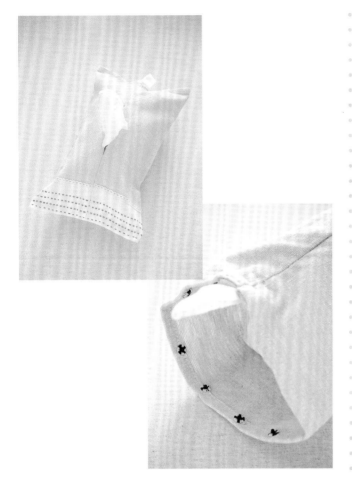

材料
餐布墊
織帶
暗釦
手縫線

工具
針
剪刀

改造步驟

1 將布墊反面向外對摺，
標線處以回針縫合，中
間留抽取口。

2 翻至正面，下方開口處
以捲針縫合，上方開口
處縫織帶當做吊環，開
口兩邊內側縫上暗釦。

1

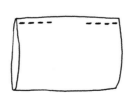

2

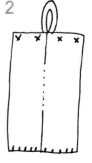

45

麻繩玻璃瓶

麻繩是很棒的自然風素材，把纏繞在玻璃罐上做裝飾，
同時發揮透明和樸素的特性。可當裝飾花草，也可以當逗貓棒喔。

材料費 **50** 元

材料
玻璃空瓶
麻繩

工具
白膠

改造步驟

1 麻繩起始端先打結綁在
瓶子上，開始纏繞。

2 邊纏繞可邊在玻璃瓶身
上塗白膠，讓麻繩可以
黏在玻璃瓶上。收線前
也是打結綁一下，將多
餘的繩塞黏入麻繩之間
的細縫中。

1

2

46

麻花

麻繩直接纏繞在鐵絲上,可做裝飾花草,也可以當逗貓棒喔。

材料費**30**元

材料
麻繩
細鉛線

工具
白膠

改造步驟

1 一段麻繩繞圈5～6圈,鉛線穿過麻繩中間,對摺。

2 另一長段麻先打結綁緊剛才纏繞的麻繩,再開始纏繞麻繩與鉛線連接的部份,也就是花托,再繼續往下纏繞,邊繞邊在鉛線上塗白膠,使纏繞過的麻繩纖維黏緊,不鬆脱。

1

2

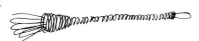

47

彩繪玻璃罐

小瓶罐畫上貓咪、房子和雲朵，轉一個圈，就是一個小故事。

材料費 39元

材料
玻璃瓶罐
陶瓷顏料

工具
水彩筆
烤箱

改造步驟

1 使用陶瓷顏料畫圖案在玻璃罐上。

2 放入烤箱內烤10分鐘。

PS：沒有陶瓷顏料，也可使用壓克力顏料彩繪，待乾再塗上壓克力保護漆（不必使用烤箱）。

1

2
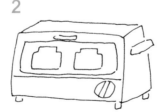

48

雙層吊籃

利用鐵圈與麻繩將籃子串起來吊掛起來。

材料費 **99**元

材料

籃⋯⋯⋯⋯⋯2個

鐵圈⋯⋯⋯⋯10個

麻繩

改造步驟

1 麻繩一條，中段打一個環節，兩端各打一個環節。

2 利用鐵圈扣住竹籃與麻繩的環節。

1

2

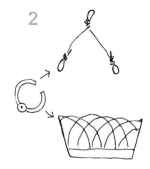

49

奶精瓶針包

奶精瓶的造型可愛,製成插針包,
在居家生活角落做佈置,增添生活小樂趣。

材料費 **79**元

材料
奶精瓶
塑膠粒
布
棉花
小瓶蓋
不織布
手縫線

工具
針
剪刀

改造步驟

1 一小塊棉布包棉花,縮口縫縫成一個小布球。布球的底部縮口處縫上一塊圓形不織布修飾一下。

2 瓶裡填塑膠粒,增加重量與填滿空間。將布球上在瓶口上,必要時可用保麗龍膠把布球黏在瓶口處。

1

2

50

小章魚插針包

利用椅腳布套,製成插針包,
大小剛好,章魚造型也很Cute!

材料費 **49**元

材料
椅腳布套
棉花
不織布
手縫線
小瓶蓋

工具
針
剪刀

改造步驟

1 椅腳布套內填入
棉花後,再置入
一個瓶蓋。

2 剪一個比開口稍
大的圓形不織布,
以貼布縫合開口。
內置瓶蓋的作用
是防止插針穿透
插針包底座。

1

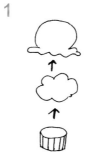

2

51

置書架

利用小片的木條鍋墊製作H架,木條板可以相互卡住,
鎖入螺絲釘固定後架子更穩固。

材料費 **39**元

材料
木條鍋墊3片
螺絲釘

工具
小電鑽
螺絲起子

改造步驟

1 利用兩塊木板中
間架一塊木板,
組合成H型,在
接合處鑽小孔,
再以螺絲釘鎖
緊。

52

海洋風扇子時鐘

熱天的時候想用扇子扇扇涼風；那用扇子做成的時鐘，
說不定時間也會過得涼快一些！

材料
扇子
時鐘機芯

工具
尖錐子

改造步驟

1 扇子中間鑽一個
洞。

2 裝入時鐘機芯。

材料費 **139**元

1

2

C O P Y R I G H T

腳丫文化
■ K050

百元商品巧思52變

國家圖書館出版品預行編目資料

百元商品巧思52變 ／ 貓小P著. --第一版. --
　臺北市 ： 腳丫文化, 民99. 08
　　面； 　　公分. --（腳丫文化；K050）

ISBN 978-986-7637-60-4（平裝）

1. 手工藝

426　　　　　　　　　　　　99013132

著　作　人：貓小P
社　　　長：吳榮斌
企　劃　編　輯：陳毓葳
美　術　設　計：游萬國
出　版　者：腳丫文化出版事業有限公司

總社‧編輯部

地　　　址：104 台北市建國北路二段66號11樓之一
電　　　話：（02）2517-6688
傳　　　真：（02）2515-3368
E - m a i l：cosmax.pub@msa.hinet.net

業　務　部

地　　　址：241 台北縣三重市光復路一段61巷27號11樓A
電　　　話：（02）2278-3158‧2278-2563
傳　　　真：（02）2278-3168
E - m a i l：cosmax27@ms76.hinet.net
郵　撥　帳　號：19768287 腳丫文化出版事業有限公司

國內總經銷：千富圖書有限公司（千淞‧建中）
　　　　　　(02)8251-5886
新加坡總代理：Novum Organum Publishing House Pte Ltd
　　　　　　TEL：65-6462-6141
馬來西亞總代理：Novum Organum Publishing House(M)Sdn. Bhd.
　　　　　　TEL：603-9179-6333
印　刷　所：通南彩色印刷有限公司
法　律　顧　問：鄭玉燦律師　(02)2915-5229

定　　　價：新台幣 250 元
發　行　日：2010 年 8 月　第一版　第 1 刷